Audrey Dagenais

Suites maximales dans les carquois cycliques à trois points

Audrey Dagenais

Suites maximales dans les carquois cycliques à trois points

De l'exemple à la généralisation

Presses Académiques Francophones

Impressum / Mentions légales

Bibliografische Information der Deutschen Nationalbibliothek: Die Deutsche Nationalbibliothek verzeichnet diese Publikation in der Deutschen Nationalbibliografie; detaillierte bibliografische Daten sind im Internet über http://dnb.d-nb.de abrufbar.

Alle in diesem Buch genannten Marken und Produktnamen unterliegen warenzeichen-, marken- oder patentrechtlichem Schutz bzw. sind Warenzeichen oder eingetragene Warenzeichen der jeweiligen Inhaber. Die Wiedergabe von Marken, Produktnamen, Gebrauchsnamen, Handelsnamen, Warenbezeichnungen u.s.w. in diesem Werk berechtigt auch ohne besondere Kennzeichnung nicht zu der Annahme, dass solche Namen im Sinne der Warenzeichen- und Markenschutzgesetzgebung als frei zu betrachten wären und daher von jedermann benutzt werden dürften.

Information bibliographique publiée par la Deutsche Nationalbibliothek: La Deutsche Nationalbibliothek inscrit cette publication à la Deutsche Nationalbibliografie; des données bibliographiques détaillées sont disponibles sur internet à l'adresse http://dnb.d-nb.de.

Toutes marques et noms de produits mentionnés dans ce livre demeurent sous la protection des marques, des marques déposées et des brevets, et sont des marques ou des marques déposées de leurs détenteurs respectifs. L'utilisation des marques, noms de produits, noms communs, noms commerciaux, descriptions de produits, etc, même sans qu'ils soient mentionnés de façon particulière dans ce livre ne signifie en aucune façon que ces noms peuvent être utilisés sans restriction à l'égard de la législation pour la protection des marques et des marques déposées et pourraient donc être utilisés par quiconque.

Coverbild / Photo de couverture: www.ingimage.com

Verlag / Editeur:
Presses Académiques Francophones
ist ein Imprint der / est une marque déposée de
OmniScriptum GmbH & Co. KG
Heinrich-Böcking-Str. 6-8, 66121 Saarbrücken, Deutschland / Allemagne
Email: info@presses-academiques.com

Herstellung: siehe letzte Seite /
Impression: voir la dernière page
ISBN: 978-3-8416-2833-6

Copyright / Droit d'auteur © 2013 OmniScriptum GmbH & Co. KG
Alle Rechte vorbehalten. / Tous droits réservés. Saarbrücken 2013

Suites maximales de mutations vertes dans les carquois cycliques à trois points

par

AUDREY DAGENAIS

mémoire présenté au Département de mathématiques
en vue de l'obtention du grade de maître ès sciences (M.Sc.)

FACULTÉ DES SCIENCES
UNIVERSITÉ DE SHERBROOKE

Sherbrooke, Québec, Canada, décembre 2013

SOMMAIRE

Les algèbres amassées sont des classes d'algèbres introduites dans les annés 2000 par Sergey Fomin et Andrei Zelevinsky, dans leurs recherches sur les bases canoniques duales et la positivité totale dans les groupes semi-simples (voir [FZ02] et [FZ03]). Il est possible de les étudier de façon combinatoire, en les illustrant par des carquois sans boucle, ni deux-cycles.

Dans ce travail, nous introduirons d'abord les notions d'algèbres amassées et de carquois. Puis, nous nous servirons des carquois pour introduire et étudier les suites maximales de mutations vertes. Plus précisément, dans la dernière partie du travail, il sera question de l'existence des suites maximales vertes dans les carquois acycliques à trois points.

REMERCIEMENTS

Je tiens d'abord à remercier mon directeur, Thomas Brüstle, pour sa confiance, sa grande disponibilité et ses encouragements. Sa présence et son soutient ont contribué à faire de ma maîtrise une expérience enrichissante autant sur le plan scolaire que personnel.

Je tiens aussi à remercier les membres de l'équipe de recherche en algèbre qui m'ont ouverte à plusieurs sujets. Merci aussi à mes parents qui m'ont soutenu tout au long de mes études. Finalement, merci à l'Université de Sherbrooke pour son soutien financier.

Audrey Dagenais
Sherbrooke, juillet 2013

TABLE DES MATIÈRES

INTRODUCTION

Les algèbres amassées sont des classes d'algèbres introduites dans les années 2000 par Sergey Fomin et Andrei Zelevinsky, dans leurs recherches sur les bases canoniques duales et la positivité totale dans les groupes semi-simples (voir [FZ02] et [FZ03]). Populaires dès leur découverte, elles ont été étudiées par d'autres scientifiques comme nouvelle approche dans leurs champs de recherche. Elles sont maintenant utilisées dans plusieurs domaines des mathématiques, ainsi qu'en physique (entre autres [Dup10] et [DW05]). Bien que ce ne soit que quelques exemples, Keller les utilise dans son étude sur les dilogarithmes quantiques ([Kel11] et [Kel12]) et Chàvez parle d'algèbres amassées de Markov ([Chfrm[o]–2]). Par contre, un des hic de cette théorie est que les variables amassés peuvent devenir difficiles à calculer très rapidement.

C'est là que les carquois et les suites de mutations vertes entrent en jeu. Ces deux éléments permettent d'avoir une approche combinatoire et plus visuelle des algèbres amassées, de sorte que le travail est simplifié et plus facile d'approche. Les mutations sont un procédé combinatoire introduit par Fomin et Zelevinsky en même temps que les algèbres amassées. Il suffit d'appliquer une bijection pour avoir la version des carquois. Les suites maximales de mutations vertes, quant à elles, ont d'abord été introduites par Keller, dans son article sur les identités des dialgorithmes quantiques (voir [Kel11]). Nous pouvons voir ces suites comme des chaînes d'un ensemble ordonné engendré par le graphe d'échange d'un carquois. Elles apparaissent aussi dans la physique théorique, entre autre, dans l'étude du spectre complet d'une particule BPS (voir [CCV11]).

Ce travail se concentre sur l'étude des suites maximales de mutations vertes dans les carquois cycliques à trois points. Plus précisément, le but est de trouver des exemples de carquois qui n'en ont aucune. Jusqu'à présent, un exemple a été trouvé par Brüstle, Dupont et Pérotin, dans leur article sur les suites maximales vertes (voir [BDP12]).

Le mémoire est structuré comme suit. Le chapitre 1 servira à rappeller les notions néces-saires à la compréhension des algèbres amassées et des carquois. Le chapitre 2 consistera à l'étude des suites maximales de mutations vertes et des matrices C. Le chapitre 3 pous-sera plus loin le travail déjà fait et montrera d'autres exemples de carquois cycliques à trois points sans suites maximales vertes, pour finir avec une forme générale.

CHAPITRE 1

Notions préalables

Pour en venir à étudier les suites maximales de mutations vertes, il faut bien comprendre la mutation de carquois, qui découle directement des algèbres amassées. Ce chapitre sera consacré au rappel des notions de base de ces deux sujets. Les objets introduits serviront tout au long de ce mémoire.

1.1 Algèbres amassées

Les algèbres amassées sont un point central dans l'étude des carquois et c'est pourquoi cette partie du chapitre sera consacrée à un rappel de ces notions. Notons que toutes les définitions et théorèmes ont été introduits par Fomin et Zelevinsky.

Soient un entier naturel m et $\mathcal{F} = \mathbb{Q}(x_1, x_2, ..., x_m)$, le corps des fractions rationnelles à variables indépendantes $x_1, x_2, ...x_m$

Définition 1.1 *Soit $B \in \mathcal{M}_m(\mathbb{Z})$ On dit que B est anti-symétrisable s'il existe D, une matrice diagonale à coefficents positifs dans $\mathcal{M}_m(\mathbb{Z})$ telle que DB est anti-symétrique* *(c-à-d que $(DB)^t = -DB$).*

Exemple 1 *La matrice*

$$B = \begin{pmatrix} 0 & 1 \\ -2 & 0 \end{pmatrix} \neq \begin{pmatrix} 0 & 2 \\ -1 & 0 \end{pmatrix} = -B^t$$

n'est pas anti-symétrique. Par contre, elle est anti-symétrisable. En effet, prenons

$$D = \begin{pmatrix} 2 & 0 \\ 0 & 1 \end{pmatrix}$$

$$DB = \begin{pmatrix} 0 & 2 \\ -2 & 0 \end{pmatrix} = -(DB)^t$$

Définition 1.2 *Une graine est un couple (X, B) où $X \subset \mathcal{F}$ est un sous-ensemble à n éléments engendrant $\mathcal{F}$ et $B = (b_{ij}) \in \mathcal{M}_m(\mathbb{Z})$ est une matrice anti-symétrisable. On dit alors que X est un amas et que ses éléments sont des variables amassées.*

Comme le but de ce travail est d'étudier les mutations et que la définition de mutation de carquois est intimement liée à celle dans les algèbres amassées, nous allons maintenant définir les éléments nécessaires pour introduire la notion de mutation de graine.

Définition 1.3 *Soit $x_k \in X$ et $B = (b_{ij})$ comme ci-dessus. On définit un nouvel élément*

$$x'_k = \frac{\prod_{b_{ik}>0} x_i^{b_{ik}} + \prod_{b_{ik}<0} x_i^{-b_{ik}}}{x_k}$$

où on considère le produit vide comme 1.
On a alors $X' = (X \setminus \{x_k\}) \cup \{x'_k\}$. On appelle ce processus relation d'échange.

Nous verrons un exemple plus tard.

Définition 1.4 *Soit $B = (b_{ij})$ une matrice anti-symétrisable. La mutation de B en k est la matrice $\mu_k(B) = (b'_{i,j})$, définie par :*

$$(b'_{i,j}) = \begin{cases} -b_{ij} & si \ i = k \ ou \ j = k \\ b_{ij} + max(0, b_{ik})max(0, b_{kj}) - min(0, b_{ik})min(0, b_{kj}) & sinon \end{cases}$$

4

Exemple 2 *La matrice* $B = \begin{pmatrix} 0 & -1 & 2 \\ 1 & 0 & -1 \\ -2 & 1 & 0 \end{pmatrix}$ *est bel et bien antisymétrique. Calculons* $\mu_3(B)$

Comme $k = 3$, on change d'abord le signe de la troisième ligne et de la troisième colonne.

$$\begin{pmatrix} 0 & -1 & -2 \\ 1 & 0 & 1 \\ -2 & -1 & 0 \end{pmatrix}$$

Pour le reste, on suit l'autre partie de la formule :

$$b'_{11} = b_{11} + max(0, b_{13})max(0, b_{31}) - min(0, b_{13})min(0, b_{31})$$

$$= 0 + max(0, 2)max(0, -2) - min(0, 2)min(0, -2) = 0$$

$$b'_{12} = -1 + max(0, 2)max(0, 1) - min(0, 2)min(0, 1) = -1 + 2 = 1$$

$$b'_{21} = 1 + max(0, -1)max(0, -2) - min(0, -1)min(0, -2) = 1 - 2 = -1$$

$$b'_{22} = 0 + max(0, -1)max(0, 1) - min(0, -1)min(0, 1) = 0$$

On obtient :

$$\mu_3(B) = \begin{pmatrix} 0 & 1 & -2 \\ -1 & 0 & 1 \\ 2 & -1 & 0 \end{pmatrix}$$

Nous pouvons maintenant définir la mutation de graine.

Définition 1.5 *La mutation d'une graine (X, B) est :* $\mu_k(X, B) = (X', B')$*, où* $X' = (X \setminus \{x_k\}) \cup \{x'_k\}$ *et* $B' = \mu_k(B)$

Exemple 3 *Considérons la graine* $(X, B) = \left(\{x_1, x_2\}, \begin{pmatrix} 0 & -1 \\ 1 & 0 \end{pmatrix} \right)$

$$\mu_1(X, B) = \left(\left\{ \frac{x_2^1 + 1}{x_1}, x_2 \right\}, \begin{pmatrix} 0 & 1 \\ -1 & \frac{0 + 1*(-1)+1*1}{2} \end{pmatrix} \right) = \left(\left\{ \frac{x_2 + 1}{x_1}, x_2 \right\} \begin{pmatrix} 0 & 1 \\ -1 & 0 \end{pmatrix} \right)$$

Lors des mutations de graines, nous effectuons des changements dans l'ensemble. Il est important de s'assurer que ces changements respectent bien la définition initiale. Autrement, le travail relié aux mutations ne servirait à rien.

Lemme 1   *1. La mutation de graine préserve les propriétés de graine.*

2. Les matrices anti-symétrisantes de B et de $\mu_k(B)$ sont les mêmes.

Démonstration. Voir l'article [Ngu01] ∎

1.2 Carquois

Les algèbres amassés restent un concept abstrait qui peut devenir vite compliqué. C'est pourquoi il est très utile de les illustrer à l'aide des carquois. Il est alors possible de les étudier sous un autre angle et ainsi mieux les comprendre. Nous verrons plus tard qu'il existe une bijection entre les carquois et les matrices anti-symétriques. Alors, à partir de maintenant, il sera donc question de matrices anti-symétriques au lieu de matrices anti-symétrisables.

Définition 1.6 *Un carquois Q est la donnée d'un ensemble fini de points, Q_0, d'un ensemble fini de flèches, Q_1, et de deux applications $s, b : Q_1 \to Q_0$.*
Pour $\alpha \in Q_1$, si $s(\alpha) = x$ et $b(\alpha) = y$, on dit que x est la source de α, y le but et on écrit $x \xrightarrow{\alpha} y$.

Par convention, les lettres grecques servent à nommer les flèches, tandis que les lettres usuelles servent à identifier un nombre de flèches (souvent utilisées pour alléger la notation).

6

Exemple 4

$$Q = \quad \text{(diagramme)} \quad = \quad \text{(diagramme)}$$

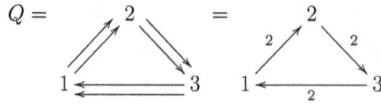

$$Q' = \quad \text{(diagramme)} \quad \textit{dans le cas général}$$

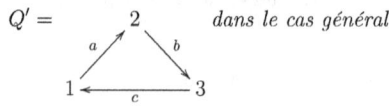

Exemple 5 *Voici un exemple de carquois :*

$$Q = \quad \text{(diagramme)}$$

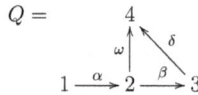

$Q_0 = \{1, 2, 3, 4\}$ *et* $Q_1 = \{\alpha, \beta, \omega, \delta\}$

$s(\alpha) = 1, \ b(\alpha) = 2$

$s(\beta) = 2, \ b(\beta) = 3$

$s(\omega) = 2, \ b(\omega) = 4$

$s(\delta) = 3, \ b(\delta) = 4$

Définition 1.7 *Un chemin dans Q est une suite de flèches* $(..., \alpha_2, \alpha_1)$, $\alpha_i \in Q_1$ *telle que* $s(\alpha_{i+1}) = b(\alpha_i)$.

La longueur du chemin, l, est déterminée par le nombre de flèches parcourues.

Exemple 6 *Reprenons le carquois de l'exemple précédent. Alors* (δ, β, α) *est un chemin de longueur* 3.

En effet, $b(\alpha) = 2 = s(\beta)$, $b(\beta) = 3 = s(\delta)$ *et le nombre de flèches empruntées est de* 3.

Un grand nombre de propriétés et définitions dans le reste de ce travail requiert que le carquois soit sans boucles, ni deux-cycles. Voyons ce que cela veut dire exactement.

Définition 1.8 *Soit un carquois Q. Un n-cycle dans Q est un chemin de longueur n, $(\alpha_n, \alpha_{n-1}, ..., \alpha_1)$, $\alpha_i \in Q_1$, tel que $b(\alpha_n) = s(\alpha_1)$.*

Exemple 7 $(\delta, \omega, \beta, \alpha)$ *est un 4-cycle dans Q :*

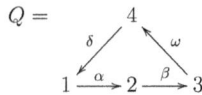

$$Q = \begin{array}{c} \\ 4 \\ {}^{\delta}\nearrow \quad \nwarrow^{\omega} \\ 1 \xrightarrow{\ \alpha\ } 2 \xrightarrow{\ \beta\ } 3 \end{array}$$

En effet, $s(\alpha) = 1 = b(\delta)$

Remarque 1   *1. Si $n = 1$, on dit que l'on a une boucle.*

    2. S'il n'y a pas de cycles dans Q, on dit que le carquois est acyclique.

Nous pouvons maintenant définir la mutation de carquois. Nous verrons plus loin de quelle façon cette notion est liée aux algèbres amassées.

Définition 1.9 *La mutation d'un carquois sans boucles, ni deux-cycles, Q en un point i, $\mu_i(Q)$, est définie selon les étapes suivantes :*

    1. Pour tout chemin de j vers k de longueur 2 passant par i, on ajoute une flèche de j vers k.

    2. On inverse toutes les flèches ayant i comme but ou source.

    3. On enlève tous les deux-cycles.

Voyons maintenant un exemple pour bien illustrer la notion.

Exemple 8   *1. Considérons le carquois*

$$Q = 1 \longrightarrow 2 \longrightarrow 3$$

Sa mutation en 2 est donnée par :

$$\mu_2(Q) = 1 \longleftarrow 2 \longleftarrow 3$$

En effet, il y a un chemin de 1 vers 3 passant par 2. Il faut donc ajouter une flèche de 1 vers 3.

2. Considérons le carquois

$$Q' = $$

Sa mutation en 1 est donnée par :

$$\mu_1(Q') = $$

En effet, il y a 4 chemins de 2 vers 3 passant par 1. Il faut donc ajouter 4 flèches de 2 vers 3, mais il y a déjà 2 flèches de 3 vers 2. On obtient donc $4 - 2 = 2$ flèches de 2 vers 3.

3. Considérons le carquois

$$Q'' = $$

$$\mu_1(Q'') = $$

$\mu_2 \circ \mu_1(Q'') =$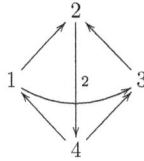

$\mu_3 \circ \mu_1(Q'') =$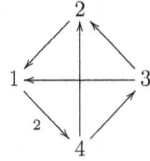

Remarque 2 *Avec la définition de mutation de carquois que nous venons de voir, il est possible de prendre une graine (X, R) où R est un carquois sans boucle, ni-deux cycles et de faire sa mutation, $\mu_k(X, R) = (X', R')$, avec $R' = \mu_k(R)$ et X' le même que dans la définition 1.5.*

Exemple 9 *Prenons $(X, Q) = (\{x_1, x_2, x_3\},\ 1 \longleftarrow 2 \longleftarrow 3\ )$.*

$\mu_1(X, Q) = (\{\frac{x_2+1}{x_1}, x_2, x_3\},\ 1 \longrightarrow 2 \longleftarrow 3\ )$

$\mu_2(X, Q) = (\{x_1, \frac{x_1+x_3}{x_2}, x_3\},\ 1 \longleftrightarrow 2 \longrightarrow 3\ )$

$\mu_1 \circ \mu_2(X, Q) = (\{\frac{x_1+x_3+x_2x_3}{x_1x_2}, \frac{x_1+x_3}{x_2}, x_3\},\ 1 \longleftarrow 2 \qquad 3\ )$

Définition 1.10 *Deux carquois sans boucles, ni deux-cycles, Q et Q' sont équivalents par mutation s'il existe une suite de mutations, $\mu_{i_n} \circ \mu_{i_{n-1}} \circ ... \circ \mu_{i_1}$ telle que $Q' = \mu_n \circ \mu_{n-1} \circ ... \circ \mu_1(Q)$*

Exemple 10 $Q = 1 \longleftarrow 2 \longleftarrow 3$ *et* $Q' = 2 \longrightarrow 1 \longrightarrow 3$ *sont équivalents par mutations.*

En effet, si on réécrit les sommets de Q' dans le même ordre que ceux de Q, on obtient :

$1 \longleftarrow 2 \qquad 3 = \mu_1 \circ \mu_2(Q)$

Nous allons maintenant voir la notion de carquois cyclique.

Définition 1.11 *Un carquois Q est cyclique s'il n'est pas acyclique.*

Définition 1.12 *Un carquois cyclique sans boucles, ni deux-cycles, Q, est cyclique par mutations si après avoir effectué n'importe quel nombre n de mutations, $\mu_n \circ \mu_{n-1} \circ ... \circ \mu_1(Q)$ est cyclique.*

Exemple 11 *Considérons les carquois*

$$Q =$$

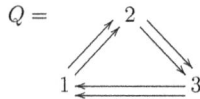

et

$$Q' =$$

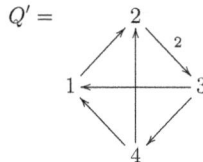

Q et Q' *sont cycliques par mutations, car, peu importe le nombre de mutations effectuées, les carquois resteront cyclique.*

En règle générale, il est difficile de déterminer si un carquois Q est cyclique par mutations ou non. Or, dans le cas des carquois à trois points, il existe un critère qui nous permet de le faire facilement.

Proposition 1.13 *[ABBS06] Considérons un carquois cyclique à trois points, Q :*

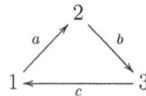

11

Alors, Q est cyclique par mutations si et seulement si $a, b, c \geq 2$ et $a^2 + b^2 + c^2 - abc \leq 4$

Démonstration. Voir article [ABBS06] ∎

Exemple 12 *Dans l'exemple précédent, on avait $a = b = c = 2$ dans Q. Vérifions le critère.*

$2^2 + 2^2 + 2^2 - 2 * 2 * 2 = 4 + 4 + 4 - 8 = 4 \leq 4$

Donc cela confirme que Q est bel et bien cyclique par mutations.

Exemple 13 *Ce ne sont pas tous les carquois qui sont cycliques par mutations.*

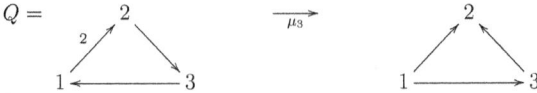

Donc Q n'est pas cyclique par mutations.

Maintenant que le concept de carquois est introduit, nous pouvons étudier de plus près le lien avec les algèbres amassées.

Proposition 1.14 *Il existe une bijection entre les les matrices anti-symétriques et les carquois sans boucle, ni deux-cycle orienté.*

Démonstration. Construisons la bijection.

Pour $B = (b_{ij}) \in M_m(\mathbb{Z})$, posons :

$\Gamma : \{B | B \text{ matrice antisymétrique}\} \rightarrow \{Q | Q \text{ carquois sans boucle ni 2-cycle orienté}\}$

telle que $\Gamma(B) = (Q_0, Q_1)$ où $Q_0 = \{1, ..., n\}$ et Q_1 est construit en créant b_{ij} flèches de i vers j.

Notons que les valeurs négatives dans B peuvent être interprétées comme des flèches dans l'autre direction. Cela est bien défini, car $b_{ij} = -b_{ji}$ dans B puisque B est anti-symétrique. Γ est donc bien définie.

Pour construire la fonction inverse de Γ définissons :

$$\Psi : \{Q = (Q_0, Q_1) | Q \text{ carquois sans boucle ni 2-cycle orienté}\} \rightarrow \{B | B \text{ antisymétrique}\}$$

telle que $\Psi(Q) = B = (b_{ij} \in M_m(\mathbb{Z})$, où $n = |Q_0|$ et b_{ij} est le nombre de flèches de i vers j dans Q_1.

Ce nombre est négatif s'il y a des flèches de j vers i. Comme Q n'a pas de 2-cycles, b_{ij} est bien défini. On veut que B soit anti-symétrique, c'est-à-dire que $b_{ij} = -b_{ji}$.

Or, par notation sur l'orientation des flèches, c'est déjà le cas. Donc Ψ est bien définie.

Il suit directement de la construction que Γ et Ψ sont inverses une de l'autre. Elles sont donc bijectives. ∎

Remarque 3 *Les mutations de matrices anti-symétriques restent anti-symétriques et les mutations de carquois sans boucle, ni deux-cyles, restent des carquois sans boucles, ni deux-cycles. Cela veut dire que la mutation s'équivaut dans les deux cas. Illustrons-le à l'aide d'un exemple :*

$$B = \begin{pmatrix} 0 & -1 & 2 \\ 1 & 0 & -1 \\ -2 & 1 & 0 \end{pmatrix} \qquad \xrightarrow{\mu_3} \qquad \begin{pmatrix} 0 & 1 & -2 \\ -1 & 0 & 1 \\ 2 & -1 & 0 \end{pmatrix}$$

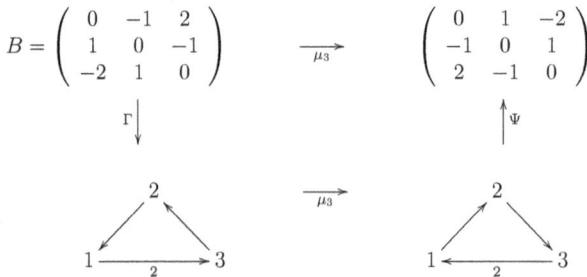

CHAPITRE 2

Suites maximales de mutations vertes

Maintenant que nous avons une bonne base sur les carquois, nous allons préciser notre champ d'étude et nous tourner vers les suites maximales de mutations vertes. Comme mentionné dans l'introduction, nous nous concentrerons sur l'étude combinatoire de celles-ci. De plus, vers la fin de ce chapitre, nous tenterons de mieux comprendre le comportement des coefficients de la matrice C lors des mutations.

Dans le reste de mémoire, nous considérerons que les carquois sont sans boucles, ni deux-cyles.

2.1 Carquois gelés

Avant de se pencher sur les suites maximales de mutations vertes, il est nécessaire d'introduire la notion de carquois gelé et certaines propriétés.

Définition 2.1 *Un carquois gelé est un carquois Q et un sous-ensemble de points $Q_0' \subseteq$*

Q_0. Les points éléments Q'_0 sont dit gelés, car pour tout $i \in Q'_0$, il est interdit de faire une mutation en i. On ne fait des mutations que dans les autres points.

Nous désignerons les sommets gelés en bleu dans les exemples.

Exemple 14 *Le carquois Q est gelé :*

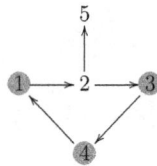

$Q'_0 = \{1, 3, 4\}$ *est l'ensemble des points gelés.*

Définition 2.2 *Soit Q un carquois. Le carquois cadré de Q est $\widehat{Q} = \{\widehat{Q}_0, \widehat{Q}_1\}$, où $\widehat{Q}_0 = Q_0 \cup \{i' | i \in Q_0\}$ et $\widehat{Q}_1 = Q_1 \cup \{i \to i' | i \in Q_0\}$. $\widehat{Q}$ est gelé par le fait que les points $i' \in \widehat{Q}_0$ sont gelés.*

Exemple 15 *Le carquois cadré de $Q = 1 \longrightarrow 2$ est $\widehat{Q} =$*

Définition 2.3 *Soit $\widehat{Q}$ un carquois cadré. Un point non gelé i dans $R = \mu_{i_n} \circ \mu_{i_{n-1}} \circ \ldots \circ \mu_{i_1}(\widehat{Q})$ est dit vert s'il existe une flèche $i \to j$, et rouge s'il existe une flèche $j \to i$, où $j \in Q'_0$.*

Théorème 4 *Soit $R = \mu_{i_n} \circ \mu_{i_{n-1}} \circ \ldots \circ \mu_{i_1}(\widehat{Q})$. Alors, chaque point dans R est soit vert, soit rouge.*

Démonstration. voir article [BDP12] ∎

15

Remarque 5 *En vertu du théorème précédent, lorsque l'on prend un carquois cadré* $\widehat{Q}$, *la situation de l'exemple 14 ne peut pas se produire. En effet, le point 5 n'a aucune flèche reliée à un point gelé et le point 2 a une flèche entrant dans un point gelé et une autre sortant.*

2.2 Suites maximales de mutations vertes

Les suites maximales de mutations vertes sont à la base de la théorie énoncée au chapitre suivant. Elles ont été introduites pour la première fois par Keller, dans [Kel11].

Définition 2.4 *Une suite de mutation verte est une suite* $\mu_{i_n} \circ \mu_{i_{n-1}} \circ ... \circ \mu_{i_1}(\widehat{Q})$ *telle que, pour toute mutation effectuée, le sommet choisi est vert.*

Remarque 6 *La suite est maximale si tous les points non-gelés de* $R = \mu_{i_n} \circ \mu_{i_{n-1}} \circ ... \circ \mu_{i_1}(\widehat{Q})$ *sont rouges.*

Par convention, comme nous avons déjà des sommets verts et rouges, les sommets gelés sont laissés tel quel.

Exemple 16 *Soit* $Q = 1 \longleftarrow 2 \longrightarrow 3$

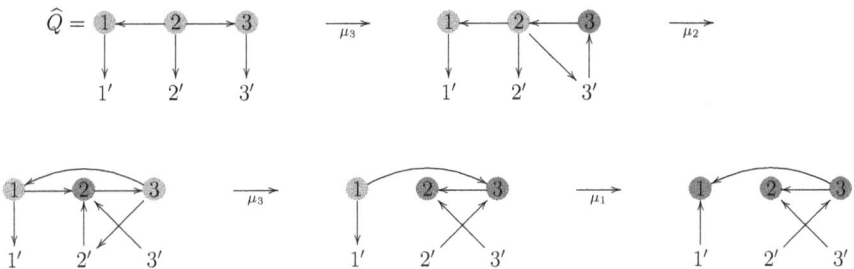

$\mu_1 \circ \mu_3 \circ \mu_2 \circ \mu_3$ *est donc une suite maximale de mutations vertes de Q.*

Il n'existe pas toujours de suites maximales de mutations vertes. Certains carquois n'en ont pas du tout, ou d'autres n'en ont que si la suite commence avec un certain sommet.

Exemple 17 *Soit $Q = 1 \xrightarrow{2} 2 \longrightarrow 3$*

$$\widehat{Q} = \begin{array}{ccc} 1 \xrightarrow{\ 2\ } & 2 & \longrightarrow 3 \\ \downarrow & \downarrow & \downarrow \\ 1' & 2' & 3' \end{array}$$

Si l'on commence avec μ_2, on obtient une suite infinie :

Or, si l'on commence avec μ_1, on trouve une suite maximale verte :

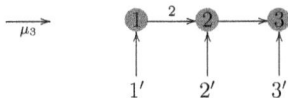

Dans le prochain chapitre, nous verrons des carquois à trois points qui n'ont aucune suite maximale de mutations vertes. Toutefois, il peut être utile de connaître des exemples qui en ont.

Exemple 18 *Voici une liste non exhaustive de carquois à trois points et de leurs suites maximales de mutations vertes :*

1.

$$1 \longrightarrow 2 \longleftarrow 3$$

$$(\mu_2 \circ \mu_3 \circ \mu_1), (\mu_2 \circ \mu_1 \circ \mu_3), (\mu_2 \circ \mu_3 \circ \mu_2 \circ \mu_1), (\mu_2 \circ \mu_1 \circ \mu_2 \circ \mu_3), (\mu_1 \circ \mu_3 \circ \mu_2 \circ \mu_1 \circ \mu_2)$$

$$(\mu_3 \circ \mu_1 \circ \mu_2 \circ \mu_3 \circ \mu_2), (\mu_1 \circ \mu_3 \circ \mu_2 \circ \mu_3 \circ \mu_1 \circ \mu_2), (\mu_1 \circ \mu_3 \circ \mu_2 \circ \mu_1 \circ \mu_3 \circ \mu_2)$$

$$(\mu_3 \circ \mu_1 \circ \mu_2 \circ \mu_3 \circ \mu_1 \circ \mu_2), (\mu_3 \circ \mu_1 \circ \mu_2 \circ \mu_1 \circ \mu_3 \circ \mu_2)$$

2.

$$1 \xrightarrow{\;2\;} 2 \longleftarrow 3$$

$$(\mu_2 \circ \mu_3 \circ \mu_1), (\mu_2 \circ \mu_1 \circ \mu_3), (\mu_2 \circ \mu_2 \circ \mu_2 \circ \mu_1)$$

3.

$$1 \xrightarrow{\;2\;} 2 \xleftarrow{\;2\;} 3$$

$$(\mu_2 \circ \mu_3 \circ \mu_1), (\mu_2 \circ \mu_1 \circ \mu_3)$$

4.

$$1 \xleftarrow{\;2\;} 2 \longrightarrow 3$$

$$(\mu_3 \circ \mu_1 \circ \mu_2), (\mu_1 \circ \mu_3 \circ \mu_2), (\mu_1 \circ \mu_3 \circ \mu_2 \circ \mu_3)$$

5.

$$1 \xleftarrow{\ 2\ } 2 \xrightarrow{\ 2\ } 3$$

$$(\mu_3 \circ \mu_1 \circ \mu_2), (\mu_1 \circ \mu_3 \circ \mu_2)$$

6.

$$1 \xrightarrow{\ 2\ } 2 \longrightarrow 3 \quad et \quad 1 \xrightarrow{\ 3\ } 2 \longrightarrow 3$$

$$(\mu_3 \circ \mu_2 \circ \mu_1), (\mu_3 \circ \mu_2 \circ \mu_3 \circ \mu_1), (\mu_3 \circ \mu_2 \circ \mu_1 \circ \mu_3)$$

7.

$$1 \longrightarrow 2 \xrightarrow{\ 2\ } 3$$

$$(\mu_3 \circ \mu_2 \circ \mu_1), (\mu_2 \circ \mu_1 \circ \mu_2 \circ \mu_3), (\mu_2 \circ \mu_1 \circ \mu_3 \circ \mu_2)$$

8.

$$1 \xrightarrow{\ 2\ } 2 \xrightarrow{\ 2\ } 3$$

$$(\mu_3 \circ \mu_2 \circ \mu_1)$$

2.3   Matrice C

Le dessin de carquois peut vite s'avérer compliqué et ardu. Nous verrons donc un autre moyen pour déterminer la couleur des points. Celui-ci s'inspire de la bijection entre les carquois sans boucle, ni deux-cycle et les matrices anti-symétriques. La notion de matrice C sera fortement utilisée dans les démonstrations du chapitre 3.

Définition 2.5 *Soit* $R = \mu_{i_n} \circ \mu_{i_{n-1}} \circ ... \circ \mu_{i_1}(\widehat{Q})$, *le carquois* $\widehat{Q}$ *après un nombre quelconque de suites de mutations vertes. La matrice qui représente* R *est :*

19

$$\begin{array}{c} \\ 1 \\ 2 \\ 3 \end{array} \begin{pmatrix} \begin{array}{ccc} 1 & 2 & 3 \end{array} & \begin{array}{ccc} 1' & 2' & 3' \end{array} \\ & | & \\ B & | & C \\ & | & \end{pmatrix}$$

où B est la matrice de $\mu_{i_n} \circ \mu_{i_{n-1}} \circ ... \circ \mu_{i_1}(Q)$ obtenue avec la bijection construite dans le preuve de la proposition 1.14 et $C = (c_{ij})$ représente le nombre de flèches de i vers j, $i \in Q_0$, $j \in \widehat{Q}_0 \backslash Q_0$.

Exemple 19 *Reprenons l'exemple précédent. Soit $Q = 1 \xrightarrow{2} 2 \longrightarrow 3$*

$$\begin{pmatrix} 0 & 1 & 0 & | & 1 & 0 & 0 \\ 0 & 0 & 1 & | & 0 & 1 & 0 \\ 0 & 0 & 0 & | & 0 & 0 & 1 \end{pmatrix} \qquad \begin{pmatrix} 0 & 2 & 0 & | & -1 & -2 & 0 \\ 0 & 0 & 3 & | & 2 & 3 & 0 \\ 1 & 0 & 0 & | & 0 & 0 & 1 \end{pmatrix}$$

Pour alléger les notations, nous allons garder seulement la matrice C, car c'est elle qui donne l'information sur la couleur des sommets.

Remarque 7 *En vertu de la définition de $\widehat{Q}$, la matrice C initiale (lorsque $R = \widehat{Q}$) sera toujours Id_m, où $m = |Q_o|$.*

Exemple 20 *Soit $Q =$*

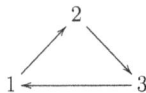

$$\begin{pmatrix} 1 & 0 & 0 \\ 0 & 1 & 0 \\ 0 & 0 & 1 \end{pmatrix} \qquad \begin{pmatrix} -1 & 0 & 0 \\ 0 & 1 & 0 \\ 1 & 0 & 1 \end{pmatrix}$$

$$\begin{pmatrix} 0 & 0 & 1 \\ 0 & 1 & 0 \\ -1 & 0 & -1 \end{pmatrix} \qquad \begin{pmatrix} 0 & 0 & 1 \\ 0 & -1 & 0 \\ -1 & 0 & -1 \end{pmatrix} \qquad \begin{pmatrix} 0 & 0 & -1 \\ 0 & -1 & 0 \\ -1 & 0 & 0 \end{pmatrix}$$

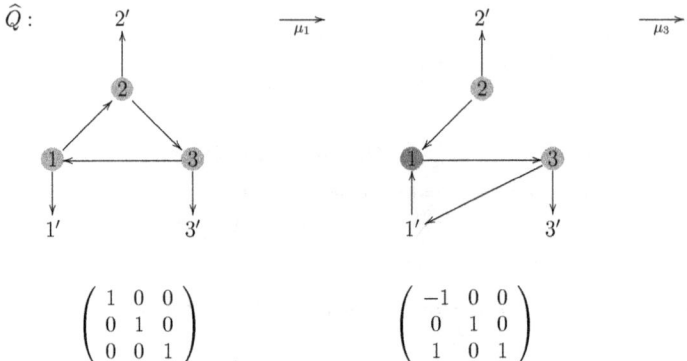

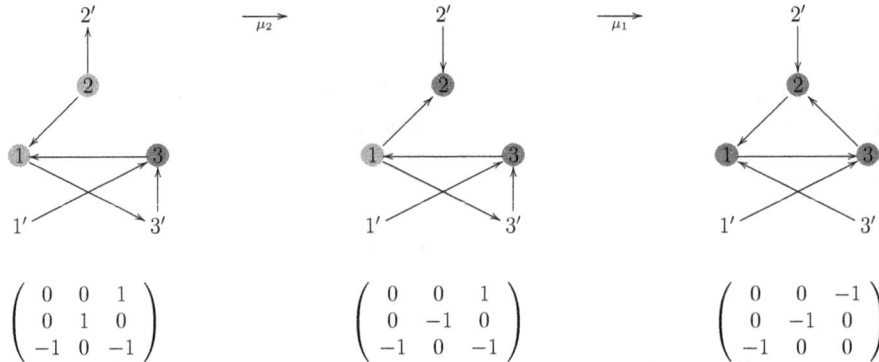

Remarque 8 *Il est possible de déterminer la couleur des sommets en regardant le signe des lignes de la matrice C. En effet, posons L_i la ligne i de la matrice C et notons $L_i < 0$ ($L_i > 0$) si toutes les entrées de la ligne i sont plus petites ou égales à zéro (plus grandes ou égales à zéro). On a alors que i est rouge si $L_i < 0$ et vert si $L_i > 0$. On a vu pécédemment qu'un sommet est soit rouge, soit vert. Le signe de la ligne est donc bien défini.*

21

Remarque 9 *Il est possible de déterminer comment les valeurs de la matrice C changent lors des suites de mutations vertes seulement en étudiant les changements dans le carquois initial (sans les points gelés).*

En effet, supposons que l'on a $R = \mu_{i_n} \circ \mu_{i_{n-1}} \circ ... \circ \mu_{i_1}(\widehat{Q})$, comme dans la définition 2.5, représenté par la matrice $[B|C]$. Nous voulons étudier l'effet d'une mutation en un certain point $j \in Q_0$.

Posons $R' = \mu_j(R)$, représenté par sa matrice $[B'|C']$. B' est donné par la mutation de $\mu_j \mu_{i_n} \circ \mu_{i_{n-1}} \circ ... \circ \mu_{i_1} Q$ en j, mais C' change comme suit :

1. *$L'_j = -L_j$, où L'_j est la j-ième ligne de la matrice C' .*

2. *Les valeurs de la ligne L_i varient lorsqu'il existe un chemin dans $\mu_j \mu_{i_n} \circ \mu_{i_{n-1}} \circ ... \circ \mu_{i_1} Q$ de i vers un point copié, passant par le point j dans lequel on fait la mutation. Supposons qu'il y a s flèches de i vers j. Dans la nouvelle matrice, C', on a alors $L'_i = sL_j + L_i$ (en vertu de la règle de mutation de matrices).*

Dans l'exemple pécédent, lorsqu'on a effectué μ_1 la première fois, il y avait une flèche de 3 vers 1. Pour calculer la nouvelle matrice, il aurait fallu faire $L'_3 = L_1 + L_3$, qui donne bien la ligne obtenue.

Théorème 10 *Lorsqu'on atteint le stade final de la suite maximale de mutations vertes, la matrice C est égale à $-Id_m$ (à changements de lignes près), où $m = |Q_0|$.*

Démonstration. Voir article [BDP12] ∎

Exemple 21 *Étudions l'évolution de la matrice C du carquois Q :*

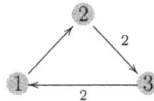

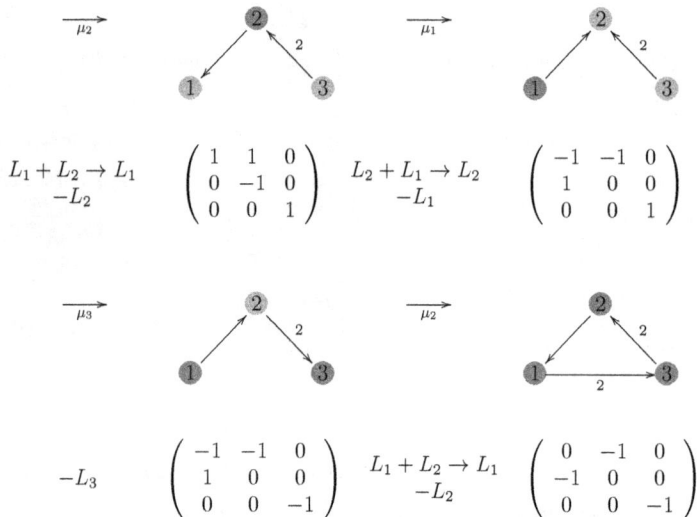

$$\xrightarrow{\ \mu_2\ }$$

$$\begin{array}{cc} L_1 + L_2 \to L_1 \\ -L_2 \end{array} \quad \begin{pmatrix} 1 & 1 & 0 \\ 0 & -1 & 0 \\ 0 & 0 & 1 \end{pmatrix} \qquad \begin{array}{c} L_2 + L_1 \to L_2 \\ -L_1 \end{array} \quad \begin{pmatrix} -1 & -1 & 0 \\ 1 & 0 & 0 \\ 0 & 0 & 1 \end{pmatrix}$$

$$\xrightarrow{\ \mu_3\ } \qquad \qquad \xrightarrow{\ \mu_2\ }$$

$$-L_3 \quad \begin{pmatrix} -1 & -1 & 0 \\ 1 & 0 & 0 \\ 0 & 0 & -1 \end{pmatrix} \qquad \begin{array}{c} L_1 + L_2 \to L_1 \\ -L_2 \end{array} \quad \begin{pmatrix} 0 & -1 & 0 \\ -1 & 0 & 0 \\ 0 & 0 & -1 \end{pmatrix}$$

La matrice finale est bien, à changements de lignes près, égale à $-Id_3$ et le signe des lignes représente bien la couleur des sommets.

À partir de maintenant, pour simplifier la notations, nous écrirons seulement Q et la matrice C associée.

CHAPITRE 3

Carquois cycliques à trois points

Bien que l'on se restreigne aux carquois à trois points, le comportement des flèches lors des mutations vertes change considérablement, selon le cas. C'est pourquoi nous nous concentrerons sur le cas cyclique par mutations. Nous verrons qu'il y a déjà beaucoup de conclusions à tirer. Nous étudirons d'abord les cas où le nombre de flèches entre chaque paire de points est le même, puis nous finirons avec un cas plus général.

Dans ce chapitre, nous prendrons des carquois à trois points de la forme :

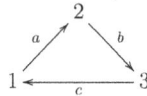

et le nombre de flèches sera noté (a,b,c).

3.1 Nombres de Markov

Nous verrons plus tard que les nombres de Markov ont un lien important avec le cas $(2, 2, 2)$ et le cas $(3, 3, 3)$, mais pour l'instant, nous ferons un rappel de leur définition et propriétés.

Définition 3.1 *Les nombres de Markov sont des éléments de triplets (x, y, z) respectant la condition $x^2 + y^2 + z^2 = 3xyz$, où x, y et z sont des entiers positifs.*

Définition 3.2 *La mutation d'un triplet de Markov se fait comme suit :*
$(x, y, z) \xrightarrow[\mu_z]{} (x, y, z')$ *où $z' = 3xy - z$, à permutation de x, y et z près.*

Remarque 11 *La mutation de Markov est une opération involutive. En effet,*
$(x, y, z) \xrightarrow[\mu_z]{} (x, y, z') \xrightarrow[\mu_{z'}]{} (x, y, z'')$ *nous donne $z'' = 3xy - z' = 3xy - (3xy - z) = z$.*
On revient alors au triplet de base.

Théorème 12 *[Mar79] Il est possible d'obtenir tous les nombres de Markov à partir de $(1, 1, 1)$, en utilisant la mutation de Markov.*

Démonstration. voir article [Mar79] ∎

Exemple 22 *Voici le début de l'arbre créé par les mutations de Markov.*

25

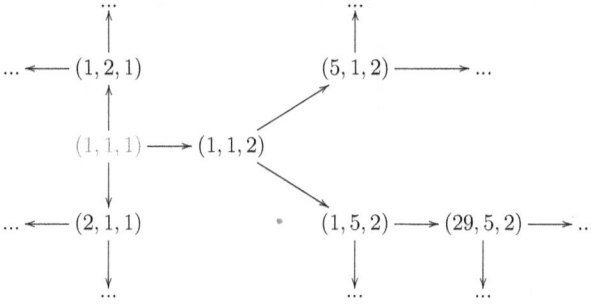

Remarque 13 *Les nombres de Fibonacci sont définis de la façon suivante :* $F_s = F_{s-1} + F_{s-2}$, *avec les conditions initiales* $F_1 = 0$ *et* $F_2 = 1$.

Les premiers nombres de Fibonacci sont : $0, 1, 1, 2, 3, 5, 8, 13, 21, 34, 55, 89, 144, ...$

Lemme 2 *Les triplets de Markov obtenus de* $(1,1,1)$ *en alternant* s *mutations dans la deuxième et la troisième position sont de la forme* $(1, F_{2s}, F_{2s+2})$, *si on réécrit les valeurs du triplet en ordre.*

Démonstration. Procédons par récurrence.

Si $n = 1$, on a $(1,1,1) \xrightarrow[\mu_3]{} (1,1,2)$ $F_2 = 1$ et $F_4 = 2$ donc on a bien $(1, F_{2s}, F_{2s+2})$.

Supposons l'hypothèse de récurrence pour $n = k$ et montrons-le pour $n = k + 1$.

$(1, F_{2k}, F_{2k+2}) \xrightarrow[\mu_2]{} (1, Y, F_{2k+2})$

$Y = 3F_{2k+2} * 1 - F_{2k} = 3F_{2k+2} - F_{2k} = 2F_{2k+2} + F_{2k+1} = F_{2k+2} + F_{2k+3} = F_{2k+4}$

En ordonnant le triplet, on obtient ce qu'on voulait : $(1, F_{2k+2}, F_{2k+4}) = (1, F_{2(k+1)}, F_{2(k+1)+2})$

∎

Remarque 14 *Les triplets de Markov,* (x, y, z), *avec* $x, y, z > 1$ *ne sont pas toujours des nombres de Fibonacci.*

Par exemple, $(2, 5, 29)$ *est un triplet de Markov et* 29 *n'est pas un nombre de Fibonacci.*

Remarque 15 *Nous verrons plus tard qu'il sera nécessaire de multiplier par 3 les triplets de Markov pour obtenir le nombre de flèches du cas $(3,3,3)$. Avant de faire les détails, prennons $a = 3x$, $b = 3y$, $c = 3z$ et étudions ce qui arrive avec les deux propriétés des nombres de Markov.*

1. $x^2 + y^2 + z^2 = 3xyz \Leftrightarrow \frac{a^2}{9} + \frac{b^2}{9} + \frac{c^2}{9} = \frac{3abc}{27} \Leftrightarrow a^2 + b^2 + c^2 = abc$

2. $(x,y,z) \xrightarrow[\mu_z]{} (x,y,z')$ *où* $z' = 3xy - z$. *Trouvons la forumule pour* a, b, c. $(a,b,c) \to (a,b,c')$ *où* $\frac{c'}{3} = \frac{3ab}{9} - \frac{c}{3} \Leftrightarrow c' = ab - c$

Cela fonctionne bien avec la mutation de carquois :

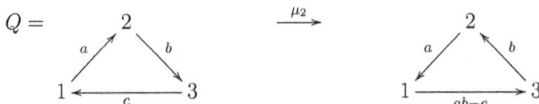

En effet, il y a ab flèches de 1 vers 3 passant par 2. Il faut donc ajouter ab flèches de 1 vers 3. Or, il y a déjà c flèches de 3 vers 1. Il y aura donc $ab-c$ flèches de 1 vers 3. Il reste à savoir si ce nombre est positif ou négatif. En vertu de la proposition 1.13, on sait que Q est cyclique par mutations $(a^2 + b^2 + c^2 - abc = abc - abc = 0 \leq 4)$. Donc $ab - c$ sera positif.

3.2 Cas $(2,2,2)$

Ce cas est très important dans l'histoire des suites maximales de mutations vertes. C'est le premier carquois à trois points trouvé qui n'en avait aucune. Nous n'allons pas seulement prouver cette propriété. Nous allons aussi étudier plus en détails le comportement de la matrice C. Nous aurons d'abord besoin d'un lemme de Lee-Schiffler sur le nombre de flèches et la forme des carquois après certaines mutations. Ce lemme est très utile et nous servira tout au long de ce chapitre.

Lemme 3 *[LS12] Soient $a, b, c \geq 1$ et soit Q un carquois à 3 points, cyclique par mutations :*

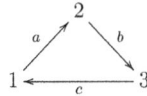

Alors,

1. $a, b, c \geq 2$

2. *Après avoir appliqué une suite de n mutations $\ldots \circ \mu_3 \circ \mu_1 \circ \mu_3 \circ \mu_1 \circ \mu_3 \circ \mu_1$, on obtient le carquois :*

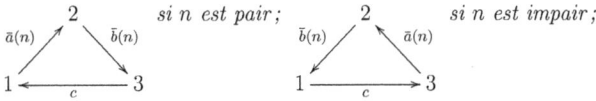

   où $\bar{a}(n) = c_{n+2}^{[c]}a - c_{n+1}^{[c]}b$ et $\bar{b}(n) = c_{n+1}^{[c]}a - c_n^{[c]}b$

3. $c_{n+1}^{[c]}a - c_n^{[c]}b \geq 2$ *pour tout $n \geq 1$*

où $\{c_n^{[c]}\}_{n \in \mathbb{Z}}$ est une suite définie par récurrence.

$$c_n^{[c]} = c\,c_{n-1}^{[c]} - c_{n-2}^{[c]}$$

avec les conditions initiales $c_1^{[c]} = 0$ et $c_2^{[c]} = 1$.

28

Démonstration.

1. Procédons par contradiction. Sans perte de généralité, supposons que $c < 2$ et que $a \leq b$. Comme Q est cyclique, $c \neq 0$ et donc $c = 1$. Or, en effectuant une mutation en 1, on obtient :

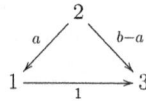

$$
\begin{array}{c}
2 \\
{}^{a}\diagup \quad \diagdown {}^{b-a} \\
1 \xrightarrow{\quad 1 \quad} 3
\end{array}
$$

qui est acyclique. Donc $a, b, c \geq 2$

2. Procédons par récurrence. Pour $n = 1$, on obtient $\mu_1(Q)$:

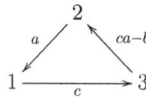

$$
\begin{array}{c}
2 \\
{}^{a}\diagup \quad \diagdown {}^{ca-b} \\
1 \xrightarrow{\quad c \quad} 3
\end{array}
$$

On a bien $\bar{a}(1) = c_3^{[c]}a - c_2^{[c]}b = ca - b$ et $\bar{b}(1) = c_2^{[c]}a - c_1^{[c]}b = a$.

Pour $n = 2$, on obtient $\mu_2\mu_1(Q)$:

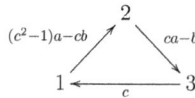

$$
\begin{array}{c}
2 \\
{}^{(c^2-1)a-cb}\diagup \quad \diagdown {}^{ca-b} \\
1 \xleftarrow{\quad c \quad} 3
\end{array}
$$

Et on a bien $\bar{a}(2) = c_4^{[c]}a - c_3^{[c]}b = (c^2 - 1)a - cb$ et $\bar{b}(2) = c_3^{[c]}a - c_2^{[c]}b = ca - b$.

Supposons que n > 2. Si n est impair, le carquois qui représente le cas n-1, est :

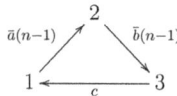

$$
\begin{array}{c}
2 \\
{}^{\bar{a}(n-1)}\diagup \quad \diagdown {}^{\bar{b}(n-1)} \\
1 \xleftarrow{\quad c \quad} 3
\end{array}
$$

Trouvons $\bar{a}(n)$ et $\bar{b}(n)$. En vertu de la récurrence, on a que $\bar{b}(n) = \bar{a}(n-1) = c_{n+1}^{[c]}a - c_n^{[c]}b$. En effectuant la mutation en 1, le nombre de flèches de 3 vers 2 sera :

$$\bar{a}(n) = c\bar{a}(n-1) - \bar{b}(n-1) = cc_{n+1}^{[c]}a - cc_n^{[c]}b - c_n^{[c]}a + c_{n-1}^{[c]}b = c_{n+2}^{[c]}a - c_{n+1}^{[c]}b$$

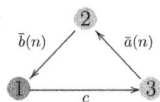

Si n est pair, la preuve est semblable.

3. Se déduit de 1. et 2.

■

Le lemme de Lee-Schiffler est très utile, mais il ne mentionne pas le carquois cadré et ne tient donc pas compte des couleurs des points. Dans le lemme suivant, nous montrerons que le résultat précédent peut s'appliquer aux suites maximales de mutations vertes.

Lemme 4 *Soient $a, b, c \geq 2$ et soit Q un carquois à trois points, cyclique par mutations et sa matrice C :*

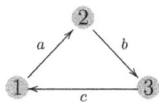

$$C = \begin{pmatrix} 1 & 0 & 0 \\ 0 & 1 & 0 \\ 0 & 0 & 1 \end{pmatrix}$$

Alors, il est possible d'effectuer une suite de n mutations vertes $\ldots \circ \mu_3 \circ \mu_1 \circ \mu_3 \circ \mu_1 \circ \mu_3 \circ \mu_1$. Après avoir appliqué une telle suite, on obtient le carquois et sa matrice C :

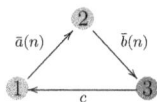

$$\begin{pmatrix} A_1 & A_2 & A_3 \\ 0 & 1 & 0 \\ B_1 & B_2 & B_3 \end{pmatrix} \qquad \begin{pmatrix} A_1 & A_2 & A_3 \\ 0 & 1 & 0 \\ B_1 & B_2 & B_3 \end{pmatrix}$$

$$|B_i| \leq |A_i| \qquad\qquad\qquad |A_i| \leq |B_i|$$

$A_i \geq 0$ *et* $B_i \leq 0$ *pour tout* i $\qquad$ $B_i \geq 0$ *et* $A_i \leq 0$ *pour tout* i.

où $\bar{a}(n) = c^{[c]}_{n+2}a - c^{[c]}_{n+1}b$ *et* $\bar{b}(n) = c^{[c]}_{n+1}a - c^{[c]}_n b$

Démonstration. Le nombre de flèches $\bar{a}(n)$ et $\bar{b}(n)$ a déjà été démontré lors de la preuve précédente. Nous nous concentrerons donc sur la possibilité des mutations ainsi que sur la couleur des sommets. Procédons par récurrence. Pour n=1, on obtient $\mu_1(Q)$:

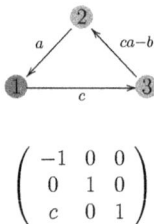

$$\begin{pmatrix} -1 & 0 & 0 \\ 0 & 1 & 0 \\ c & 0 & 1 \end{pmatrix}$$

n est impair. On a bien 1 rouge. On remarque aussi que si A_i représente les termes sur la première ligne ($A_1 = -1$, $A_2 = 0$, $A_3 = 0$) et que B_i reprsésente les termes sur la troisième ligne, alors $|A_i| \leq |B_i|$ pour tout i .

Pour n=2, on obtient $\mu_3 \circ \mu_1(Q)$:

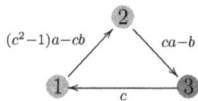

$$\begin{pmatrix} c^2 - 1 & 0 & c \\ 0 & 1 & 0 \\ -c & 0 & -1 \end{pmatrix}$$

n est pair. On a bien 3 rouge. On remarque que lorsqu'on a effectué μ_3, 1 est redevenu vert. Cela est dû au fait que 1 est la source d'une flèche dont le but est 3. On a donc multiplié la ligne 3 par c et on l'a ajoutée à la ligne 1 (voir remarque 9). Comme on avait $|A_i| \leq |B_i|$ pour tout i dans le carquois précédent, les A_i dans la nouvelle matrice sont nécessairement positifs. On remarque aussi que dans la nouvelle matrice, on a $|B_i| \leq |A_i|$ pour tout i.

Supposons le lemme pour $n = k$, k pair. Montrons-le pour $n = k + 1$.

Comme k est pair, on a :

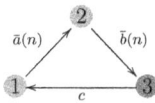

$$\begin{pmatrix} A_1 & A_2 & A_3 \\ 0 & 1 & 0 \\ B_1 & B_2 & B_3 \end{pmatrix}$$

où $|B_i| \leq |A_i|$ et $B_i \leq 0$ pour tout i. On effectue alors μ_1 et on obtient :

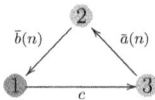

32

$$
\begin{pmatrix}
-A_1 & -A_2 & -A_3 \\
0 & 1 & 0 \\
B_1 + cA_1 & B_2 + cA_2 & B_3 + cA_3
\end{pmatrix}
$$

Comme on avait $|B_i| \leq |A_i|$ pour tout i, il est clair que $B_i + cA_i > 0$ pour tout i On a alors 1 rouge et 3 vert. On peut donc faire une suite infinie de mutations $\dots \circ \mu_3 \circ \mu_1 \circ \mu_3 \circ \mu_1 \circ \mu_3 \circ \mu_1$ et le carquois du cas impair est respecté.

La cas pair est semblable. ∎

Remarque 16 *Le lemme fonctionne aussi si 2 est rouge, car la deuxième ligne de la matrice reste inchangée, peu importe le nombre de mutations $\dots \circ \mu_3 \circ \mu_1 \circ \mu_3 \circ \mu_1 \circ \mu_3 \circ \mu_1$ effectuées.*

Ayant ces deux résultats, nous pouvons maintenant nous concentrer sur le cas $(2,2,2)$.

Proposition 3.3 *Le nombre de flèches du carquois Q :*

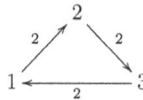

ne change jamais, peu importe le nombre de mutations effectuées.

Démonstration. Selon le lemme précédent, le nombre de flèches entre 1 et 2 est représenté par $\bar{a}(n) = 2c_{n+2}^{[2]} - 2c_{n+1}^{[2]}$, celui entre 2 et 3 par $\bar{b}(n) = 2c_{n+1}^{[2]} - 2c_n^{[2]}$ et celui entre 1 et 3 ne change pas. Notons que ces formules s'appliquent lorsqu'on alterne les mutations entre les sommets 1 et 3. Par contre, comme le carquois est symétrique, si le nombre de flèches ne change pas dans ce cas-ci, il ne changera pas dans les autres cas, peu importe avec quelle mutation on commence ou entre lesquelles on alterne.

Montrons d'abord que $c_n^{[2]} = n - 1$. Il suffit de suivre la formule de récurrence $c_n^{[2]} = 2c_{n-1}^{[2]} - c_{n-2}^{[2]}$, avec les conditions initiales $c_1^{[2]} = 0$ et $c_2^{[2]} = 1$.

si $n = 1$, on a que $c_1^{[2]} = 0 = 1 - 1$ (condition initiale). Supposons l'hypothèse pour $n = k$ et montrons le pour $n = k + 1$.

$c_{k+1}^{[2]} = 2c_k^{[2]} - c_{k-1} = 2(k-1) - (k-2) = 2k - 2 - k + 2 = k$.

Calculons maintenant $a(n)$ et $b(n)$.

$\bar{a}(n) = 2c_{n+2}^{[2]} - 2c_{n+1}^{[2]} = 2(n+1) - 2n = 2n + 2 - 2n = 2$

$\bar{b}(n) = 2c_{n+1}^{[2]} - 2c_n^{[2]} = 2n - 2(n-1) = 2n - 2n + 2 = 2$

Donc le nombre de flèches ne change pas. ∎

Remarque 17 *Cette propriété est propre au cas $(2, 2, 2)$. Elle ne s'applique pas de façon générale.*

Ceci n'est pas la seule particularité du cas $(2, 2, 2)$. Nous verrons qu'il est possible de trouver une formule générale pour les matrices C.

Proposition 3.4 *Lorsque l'on effectue des suites de mutations vertes de type* ... $\circ \, \mu_3 \circ \mu_1 \circ \mu_3 \circ \mu_1 \circ \mu_3 \circ \mu_1$ *dans Q :*

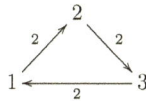

Les matrices C sont de la forme :

$$\begin{pmatrix} n+1 & 0 & n \\ 0 & 1 & 0 \\ -n & 0 & -(n-1) \end{pmatrix} \; Si \; n \; est \; pair$$

$$\begin{pmatrix} -n & 0 & -(n-1) \\ 0 & 1 & 0 \\ n+1 & 0 & n \end{pmatrix} \quad Si\ n\ est\ impair$$

où n est le nombre de mutations effectuées.

Remarque 18 *C'est sans perte de généralité qu'on a décidé d'alterner entre les sommets 1 et 3. Le résultat est le même pour d'autres choix de sommets, à changements de lignes près dans les matrices.*

Démonstration. Voir l'article [Chfrm[o]–2] ■

Théorème 19 *Après un nombre n de mutations de type* $\dots \circ \mu_3 \circ \mu_1 \circ \mu_3 \circ \mu_1 \circ \mu_3 \circ \mu_1$ *et un nombre m de type* $\begin{cases} \dots \circ \mu_2 \circ \mu_1 \circ \mu_2 \circ \mu_1 \circ \mu_2 & si\ n\ est\ pair \\ \dots \circ \mu_2 \circ \mu_3 \circ \mu_2 \circ \mu_3 \circ \mu_2 & si\ n\ est\ impair \end{cases}$

les matrices C du carquois de type $(2,2,2)$ sont de la forme :

$$\begin{pmatrix} -(n+1)(m-1) & -m & -n(m-1) \\ (n+1)m & m+1 & nm \\ -n & 0 & -(n-1) \end{pmatrix} \quad Si\ n\ est\ pair\ et\ m\ est\ pair$$

$$\begin{pmatrix} (n+1)m & m+1 & nm \\ -(n+1)(m-1) & -m & -n(m-1) \\ -n & 0 & -(n-1) \end{pmatrix} \quad Si\ n\ est\ pair\ et\ m\ est\ impair$$

$$\begin{pmatrix} -n & 0 & -(n-1) \\ (n+1)m & m+1 & nm \\ -(n+1)(m-1) & -m & -n(m-1) \end{pmatrix} \quad Si\ n\ est\ impair\ et\ m\ est\ pair$$

$$\begin{pmatrix} -n & 0 & -(n-1) \\ -(n+1)(m-1) & -m & -n(m-1) \\ (n+1)m & m+1 & nm \end{pmatrix} \quad Si\ n\ est\ impair\ et\ m\ est\ impair$$

Démonstration. Comme dans le lemme précédent, le choix des sommets est fait sans perte de généralité. Les suites de mutations découlent du lemme 4. Procédons par récurrence pour le cas n et m impair. Si $m = 1$, cela veut dire qu'on est rendu à effectuer μ_2 :

$$\begin{pmatrix} -n & 0 & -(n-1) \\ 0 & 1 & 0 \\ n+1 & 0 & n \end{pmatrix} \xrightarrow[2L_2+L_3]{\mu_2} \begin{pmatrix} -n & 0 & -(n-1) \\ 0 & -1 & 0 \\ n+1 & 2 & n \end{pmatrix}$$

On obtient bien la matrice voulue. Supposons l'hypothèse pour $m = k$ et montrons-le pour $m = k+1$.

$$\begin{pmatrix} -n & 0 & -(n-1) \\ (n+1)k & k+1 & nk \\ -(n+1)(k-1) & -k & -n(k-1) \end{pmatrix} \xrightarrow[2L_2+L_3]{\mu_2}$$

$$\begin{pmatrix} -n & 0 & -(n-1) \\ -(n+1)k & -(k+1) & -nk \\ -(n+1)(k-1)+2(n+1)k & -k+2(k+1) & -n(k-1)+2nk \end{pmatrix}$$

$$= \begin{pmatrix} -n & 0 & -(n-1) \\ -(n+1)k & -(k+1) & -nk \\ (n+1)(k+1) & k+2 & n(k+1) \end{pmatrix}$$

Ce qui est bien la matrice recherchée. Les autres cas sont semblables. ∎

Remarque 20 *La preuve de la proposition 3.4 peut aussi se faire de cette façon.*

Corollaire 1 *Le carquois Q :*

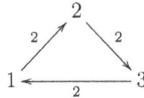

n'a pas de suite maximale de mutations vertes.

Démonstration. Il est évident avec le théorème précédent que la matrice C ne cesse d'augmenter. Il sera donc clairement impossible de revenir vers la matrice $-I_d$. Bien entendu, cela suppose que nous avons considéré toutes les mutations possibles. C'est en effet le cas, comme nous verrons au théorème 23. ∎

Le cas $(2, 2, 2)$ apporte aussi un lien important avec les nombres de Markov.

Théorème 21 *[Zel10] Considérons Q :*

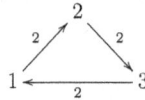

et (x, y, z) élément de la graine (X, Q) tel que $x^2 + y^2 + z^2 = 3xyz$.
Alors, la mutation de graine est équivalente à la mutation de Markov, c'est-à-dire que $\frac{y^2+z^2}{x} = 3yz - x$.

Démonstration. $x^2 + y^2 + z^2 = 3xyz \Leftrightarrow y^2 + z^2 = 3xyz - x^2 \Leftrightarrow y^2 + z^2 = x(3yz - x) \Leftrightarrow \frac{y^2+z^2}{x} = 3yz - x$ ∎

Lemme 5 *[PZ12] Prenons (x, y, z) du théorème précédent. Si l'on pose $x = y = z = 1$ après n'importe quel nombre de mutations effectuées sur la graine, on obtiendra un triplet de Markov.*

Démonstration. Voir l'article [PZ12] ∎

Exemple 23 *Effectuons les premières mutations sur la graine (x, y, z). Les nombres en rouge représentent le résultat obtenu lorsque l'on pose $x = y = z = 1$.*

$$(x,y,z) \xrightarrow{\mu_x} \left(\frac{y^2+z^2}{x}, y, z\right) \xrightarrow{\mu_y} \left(\frac{y^2+z^2}{x}, \frac{y^4+(2y^2+x^2)z^2+z^4}{x^2z}, z\right) \xrightarrow{\mu_z}$$

$$(1,1,1) \qquad\qquad (2,1,1) \qquad\qquad\qquad\qquad (2,5,1)$$

$$\left(\frac{y^2+z^2}{x}, \frac{y^4+(2y^2+x^2)z^2+z^4}{x^2z}, \frac{z^8+(4y^2+2x^2)z^6+(x^2y^2+2y^4+(2y^2+x^2)^2)z^4+(2y^4x^2+2y^2(2y^2+x^2)z^2)+y^6x^2+y^8}{x^4y^2z}\right)$$

$$(2,5,29)$$

Les triplets obtenus sont tous des triplets de Markov. On remarque aussi que si l'on effectue la mutation de Markov de la même position que la mutation de variable effectuée, on obtient les mêmes triplets de nombres :

$$(1,1,1) \xrightarrow{\mu_1} (2,1,1) \xrightarrow{\mu_2} (2,5,1) \xrightarrow{\mu_3} (2,5,29)$$

Remarque 22 *Pour Q dans le cas* $(2,2,2)$, *on appelle* $\mathcal{A}(Q)$, *l'algèbre de Markov.*

3.3 Cas $(3,3,3)$

Maintenant que le rappel sur les nombres de Markov est fait, nous pouvons étudier le cas $(3,3,3)$. Bien qu'il semble très semblable au cas (2,2,2), ce n'est pas le cas. Contrairement à la situation précédente, le nombre de flèches ne reste pas constant, ce qui complique considérablement les calculs. C'est pour cela qu'il ne sera pas question d'une formule générale pour toutes les mutations possibles.

Proposition 3.5 *Après n'importe quel nombre de mutations, le nombre de flèches du carquois Q :*

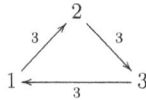

38

change en suivant les mutations et la condition de Markov lorsque $a = 3x$, $b = 3y$ et $c = 3z$. Le triplet de départ est $(a, b, c) = (3, 3, 3)$.

Démonstration. Nous avons vu dans la remarque 15 que lorsque $a = 3x$, $b = 3y$ et $c = 3z$, la mutation de Markov revient à faire le calcul standard de mutation dans les carquois pour le nombre de flèches. Il n'y a donc rien à prouver de ce côté.

Montrons que le nombre de flèches respecte la condition de Markov (version a, b, c). Procédons par récurrence sur n.

Soit $n = 1$. Sans perte de généralité, supposons que nous venons d'effectuer μ_1. On a donc $(3, 3, 3) \to (3, 3 * 3 - 3, 3) = (3, 6, 3)$. Vérifions que cela respecte la condition de Markov. On veut $a^2 + b^2 + c^2 = abc \Leftrightarrow 9 + 36 + 9 = 3 * 6 * 3 \Leftrightarrow 54 = 54$.

Supposons l'hypothèse pour n=k et montrons-le pour n=k+1.

Soit (a', b', c'). Encore une fois, sans perte de généralité, supposons que nous venons d'effectuer μ_1 (effectuer d'autres mutations revient à changer le a ou le c au lieu du b).

$(a', b', c') \to (a', b'', c') = (a', a'c' - b', c')$ Vérifions la condition de Markov.

$a'^2 + (a'c' - b')^2 + c'^2 = a'^2 + (a'c')^2 + b'^2 + c'^2 - 2a'b'c' = a'b'c' + (a'c')^2 - 2a'b'c' = (a'c')^2 - a'b'c' = a'(a'c' - b')c'$

Donc la relation de Markov est respectée. ∎

Autant les nombres de Markov sont importants dans le calcul du nombre de flèches, autant les nombres de Fibonacci ont un rôle à jouer dans le calcul de la matrice C.

Proposition 3.6 *Lorsque l'on effectue des suites de mutations vertes de type $... \circ \mu_3 \circ$*

$\mu_1 \circ \mu_3 \circ \mu_1 \circ \mu_3 \circ \mu_1$ *(sans perte de généralité) dans* Q :

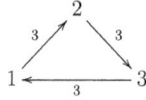

Les matrices C *sont de la forme :*

$$\begin{pmatrix} F_{2n+3} & 0 & F_{2n+1} \\ 0 & 1 & 0 \\ -F_{2n+1} & 0 & -F_{2n-1} \end{pmatrix} \quad Si \ n \ est \ pair$$

$$\begin{pmatrix} -F_{2n+1} & 0 & -F_{2n-1} \\ 0 & 1 & 0 \\ F_{2n+3} & 0 & F_{2n+1} \end{pmatrix} \quad Si \ n \ est \ impair$$

où n *est le nombre de mutations effectuées.*

Démonstration. Procédons par récurrence sur n.

Si $n = 1$, c'est que nous vennons d'effectuer μ_1 :

$$\begin{pmatrix} 1 & 0 & 0 \\ 0 & 1 & 0 \\ 0 & 0 & 1 \end{pmatrix} \quad \xrightarrow[3L_1+L_3]{\mu_1} \quad \begin{pmatrix} -1 & 0 & 0 \\ 0 & 1 & 0 \\ 3 & 0 & 1 \end{pmatrix}$$

$-F_{2n+1} = -F_3 = -1$

$-F_{2n-1} = -F_1 = 0$

$F_{2n+3} = F_5 = 3$

$F_{2n+1} = F_3 = 0$

ce qui donne bien ce qu'on voulait.

Supposons l'hypothèse pour $n = k$, k pair. Montrons-le pour $n = k + 1$.

$k + 1$ impair signifie que vous venons d'effectuer μ_1.

$$
\begin{pmatrix} F_{2k+3} & 0 & F_{2k+1} \\ 0 & 1 & 0 \\ -F_{2k+1} & 0 & -F_{2k-1} \end{pmatrix} \xrightarrow[3L_1+L_3]{\mu_1} \begin{pmatrix} -F_{2k+3} & 0 & -F_{2k+1} \\ 0 & 1 & 0 \\ -F_{2k+1}+3F_{2k+3} & 0 & -F_{2k-1}+3F_{2k+1} \end{pmatrix}
$$

$$
= \begin{pmatrix} -F_{2k+3} & 0 & -F_{2k+1} \\ 0 & 1 & 0 \\ 2F_{2k+1}+3F_{2k+2} & 0 & 2F_{2k-1}+3F_{2k} \end{pmatrix}
$$

$$
= \begin{pmatrix} -F_{2k+3} & 0 & -F_{2k+1} \\ 0 & 1 & 0 \\ F_{2k+2}+2F_{2k+3} & 0 & F_{2k}+2F_{2k+1} \end{pmatrix}
$$

$$
= \begin{pmatrix} -F_{2k+3} & 0 & -F_{2k+1} \\ 0 & 1 & 0 \\ F_{2k+5} & 0 & F_{2k+3} \end{pmatrix}
$$

$$
= \begin{pmatrix} -F_{2(k+1)+1} & 0 & -F_{2(k+1)-1} \\ 0 & 1 & 0 \\ F_{2(k+1)+3} & 0 & F_{2(k+1)+1} \end{pmatrix}
$$

Ce qui donne bien ce qu'on voulait. ∎

Proposition 3.7 *Le carquois Q :*

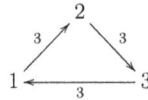

n'a pas de suite maximale de mutations vertes.

Démonstration. Voir preuve du théorème 23 ∎

3.4 Cas général

Nous avons vu deux cas de carquois cycliques par mutations à trois points qui n'ont pas de suites maximales de mutations vertes. Il est à se demander s'il existe une forme plus générale de tels carquois. Est-ce que la condition du nombre de flèches égal entre deux points est nécessaire pour que l'on ait un carquois sans suites maximales vertes ? C'est ce que nous verrons dans cette section.

Commençons par généraliser les deux cas que nous venons de voir.

Proposition 3.8 *Le carquois Q :*

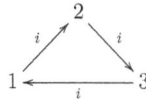

n'a pas de suite maximale de mutations vertes.

Démonstration. Voir preuve du théroème 23 ∎

Nous pouvons même pousser la théorie plus loin et voir ce qui se passe dans le cas où le nombre de flèches entre deux points n'est pas égal dans tout le carquois.

Théorème 23 *Soient $a, b, c \geq 2$ et tels que Q est cyclique par mutations (voir proposition 1.13). Alors Q :*

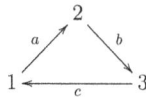

n'a pas de suite maximale de mutations vertes.

42

De plus, toutes les suites vertes s'expriment sous la forme suivante :

$$(\mu_i \circ \mu_j)^m \circ (\mu_k \circ \mu_i)^n$$

$$\mu_j \circ (\mu_i \circ \mu_j)^m \circ (\mu_k \circ \mu_i)^n$$

$$(\mu_k \circ \mu_j)^m \circ \mu_i \circ (\mu_k \circ \mu_i)^n$$

$$\mu_j \circ (\mu_k \circ \mu_j)^m \circ \mu_i \circ (\mu_k \circ \mu_i)^n$$

Avec $n, m \geq 0$ et $(i, j, k) = (1, 2, 3)$ ou $(2, 3, 1)$ ou $(3, 1, 2)$.

Démonstration. Le choix de la première mutation n'a pas d'importance. Sans perte de généralité, nous commencerons par μ_1. Comme dans les preuves précédentes, nous nous concentrerons sur la matrice C pour étudier la couleur des sommets.

En vertu du lemme 4, il est possible de faire une suite infinie de mutations vertes $\ldots \circ \mu_3 \circ \mu_1 \circ \mu_3 \circ \mu_1 \circ \mu_3 \circ \mu_1$. On ne peut donc pas obtenir de suites maximales de mutations vertes de cette façon.

Soit n le nombre de mutations effectuées en alternant entre 1 et 3.
Si n est impair et que l'on effectue μ_2, on obtient :

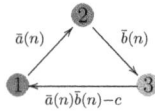

$$\begin{pmatrix} A_1 & A_2 & A_3 \\ 0 & -1 & 0 \\ B_1 & B_2 + \bar{b}(n) & B_3 \end{pmatrix}$$

où $|A_i| \leq |B_i|$ et $A_i \leq 0$ pour tout i. On n'a pas le choix pour la prochaine mutation, il

43

faut faire μ_3. On obtient :

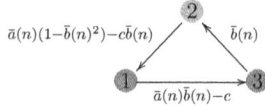

$$\begin{pmatrix} A_1 & A_2 & A_3 \\ \bar{b}(n)B_1 & \bar{b}(n)^2 + \bar{b}(n)B_2 - 1 & \bar{b}(n)B_3 \\ -B_1 & -B_2 - \bar{b}(n) & -B_3 \end{pmatrix}$$

où $A_i \leq 0$ pour tout i. De plus, si on pose C_i comme étant les termes sur la ligne 2, on remarque que $|B_i| \leq |C_i|$ pour tout i, ce qui implique que 3 deviendra vert lorsqu'on effectura μ_2, et que la matrice sera de la forme :

$$\begin{pmatrix} A_1 & A_2 & A_3 \\ C_1 & C_2 & C_3 \\ B_1 & B_2 + \bar{b}(n) & B_3 \end{pmatrix}$$

où $A_i \leq 0$, $B_i \leq 0$, $C_i \geq 0$ et $|C_i| \leq |B_i|$ pour tout i.

On se retrouve alors dans une situation semblable au lemme 4, si on alterne entre 2 et 3 au lieu d'entre 1 et 3. Les deux seules différences sont que :

1. Le sommet non impliqué dans la suite de mutations, ici 1, est rouge au lieu de vert. Or, nous avons déjà vu que cela n'a pas d'importance dans l'application du lemme 4 (voir remarque 16).

2. La matrice de départ n'est pas I_{d_3}, de sorte que la ligne 1 n'est pas $(0, 1, 0)$, mais (A_1, A_2, A_3).
   Cela n'affecte pas non plus l'application du lemme 4, car cette ligne ne change pas lorsqu'on effectue $\ldots \circ \mu_3 \circ \mu_2 \circ \mu_3 \circ \mu_2 \circ \mu_3 \circ \mu_2$. Elle ne sera donc pas impliquée

44

dans le calcul de la matrice.

On applique donc le lemme 4, avec les sommets 1 et 2 échangés et on trouve qu'il est impossible d'obtenir une suite maximale verte en alternant les mutations entre les sommets 2 et 3.

Le cas pair est semblable et les formes de mutations vertes découlent du raisonnement de la preuve. ∎

CONCLUSION

Le but de ce travail était de trouver d'autres exemples de carquois qui n'avait aucune suite maximale verte. Nous avons énoncé une liste de suites maximales vertes pour les carquois qui en avaient et nous avons trouvé une forme générale de carquois cycliques à trois points sans suite maximale. De plus, nous avons étudié le comportement de la matrice C dans certains cas.

Toutefois, nous sommes restés dans le cas où les carquois sont cycliques par mutation et ont 3 points. Il serait intéressant de tenter de généraliser ce concept et trouver d'autres carquois sans suite maximale verte. Qu'en est-il des carquois cycliques à 4 , 5 ou même n points ? Dans le même ordre d'idées, il serait bien de tenter de trouver une formule générale pour la matrice C du cas $(3, 3, 3)$. Nous pourrions vouloir pousser encore plus loin et en trouver une pour le cas (n, n, n). Le cas $(3, 3, 3)$ suivant les nombres de Markov, il n'est pas exclu que le cas $(4, 4, 4)$, ou un autre cas, le suive ou suive une autre série de nombres.

Notons aussi que le critère pour les carquois cycliques par mutations (voir propriété 1.13) et le lemme de Lee-Schiffler (voir lemme 3) ne s'appliquent qu'aux carquois à trois points. Toutefois, il existe des carquois à plus de trois points qui sont cycliques par mutations.

Exemple 24 *Reprenons l'exemple 3.Considérons le carquois*

$$Q'' =$$

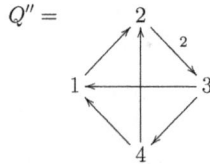

$$\mu_1(Q'') = \qquad\qquad \mu_2(Q'') =$$

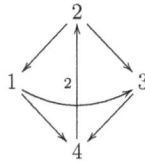 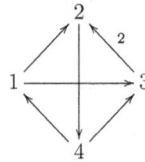

$$\mu_4(Q'') = \qquad\qquad \mu_3(Q'') =$$

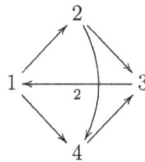 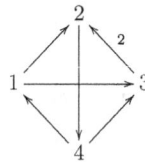

On remarque que $\mu_2(Q'') = \mu_3(Q'')$. On a aussi $\mu_1(Q'') = \mu_4(Q'')$ si on suit le changement de sommets : $1 \to 2$, $2 \to 1$, $3 \to 4$ et $4 \to 3$. En continuant les mutations, on arrivera toujours sur ces deux carquois, qui sont cycliques. Donc Q'' est cyclique par mutation, même s'il n'y avait, à priori, aucun indice pour s'en assurer.

Dans un autre ordre d'idées, nous pouvons aussi nous pencher plus en détail sur le lien entre les mutations vertes et les graphes d'échange orientés en tentant de bien définir l'identification nécessaire pour la construction de l'arbre. Peut-être cette approche permettrait-elle de trouver plus facilement les suites de mutations vertes infinies.

Pour terminer, pour d'autres exemples de carquois sans suite maximale verte, il y a Olivier Lambert qui a étudié le cas des carquois acycliques à trois points dans son mémoire. Ses résultats sont une belle complétion à ce travail.

Bibliographie

[ABBS06] I. Assem, M. Blais, T. Brüstle, and A. Samson. Mutations Classes of Skew-symetric 3x3-matrices. *arXiv : 0610627v1[math.RT]*, 2006.

[BDP12] T. Brüstle, G. Dupont, and M. Pérotin. On Maximal Green Sequences. *arXiv : 1205.2050v1[math.RT]*, 2012.

[CCV11] S. Cecotti, C. Còrdova, and C. Vafa. Braids, Walls and Mirrors. *arXiv : 1110.2115v1[hep-th]*, 2011.

[Chfrm[o]–2] A.N. Chàvez. On the C-vectors and G-vectors of the Markov Cluster Algebra. *arXiv : 1112.3578v2[math.CO]*, 2012.

[Dup10] G. Dupont. Mutations de carquois. *CaMUS*, 1 :99–117, 2010.

[DW05] H. Derksen and J. Weyman. Quivers Representations. *Notices of the AMS*, 52(2) :200–206, 2005.

[FZ02] S. Fomin and A. Zelevinsky. Cluster Algebra I : Foundations. *Journal of the American Mathematical Society*, 15 :497–529, 2002.

[FZ03] S. Fomin and A. Zelevinsky. Cluster Algebra II : Finite Type Classification. *Department of Mathematics, Northeastern University*, 2003.

[Kel11] B. Keller. On Cluster Theory and Quantum Dilogarithm Identities. *arXiv : 1102.4148v3[math.RT]*, 2011.

[Kel12]   B. Keller.   Cluster Algebras and Derived Categories.   *arXiv :*
           1202.4161v4[math.RT], 2012.

[LS12]   K. Lee and R. Schiffler. Positivity for Cluster Algebras of Rank 3. *arXiv :*
           1205.5466v1[math.RA], 2012.

[Mar79]   A. Markoff. Sur les formes bilinéaires indéfinies. *Mathematische Annalen,*
           15(3-4) :381–406, 1879.

[Ngu01]   B. Nguefack. Introduction aux algèbres amassées : définition et exemples.
           Rapports de recherche, Université de Sherbrooke, (rr41), 2001.

[PZ12]   X. Peng and J. Zhang. Cluster Algebras and Markoff Numbers. *CaMUS,*
           3 :19–26, 2012.

[Zel10]   A Zelevinsky. Remarkable Recurrence. *PRISM,* May 24-27, 2010.

www.ingramcontent.com/pod-product-compliance
Lightning Source LLC
Chambersburg PA
CBHW020317220326
41598CB00017BA/1585